Christian Sperber

Aus der Reihe: e-fellows.net stipendiaten-wissen

e-fellows.net (Hrsg.)

Band 321

Data Encryption Standard - Eine erste moderne Chiffre auf Basis des Dualsystems

GRIN Verlag

Bibliografische Information der Deutschen Nationalbibliothek:

Die Deutsche Bibliothek verzeichnet diese Publikation in der Deutschen National-
bibliografie; detaillierte bibliografische Daten sind im Internet über http://dnb.d-
nb.de/ abrufbar.

Impressum:

Copyright © 2010 GRIN Verlag GmbH
Druck und Bindung: Books on Demand GmbH, Norderstedt Germany
ISBN: 978-3-656-06412-1

Dieses Buch bei GRIN:

http://www.grin.com/de/e-book/181344/data-encryption-standard-eine-erste-
moderne-chiffre-auf-basis-des-dualsystems

GRIN - Your knowledge has value

Der GRIN Verlag publiziert seit 1998 wissenschaftliche Arbeiten von Studenten, Hochschullehrern und anderen Akademikern als eBook und gedrucktes Buch. Die Verlagswebsite www.grin.com ist die ideale Plattform zur Veröffentlichung von Hausarbeiten, Abschlussarbeiten, wissenschaftlichen Aufsätzen, Dissertationen und Fachbüchern.

Besuchen Sie uns im Internet:

http://www.grin.com/

http://www.facebook.com/grincom

http://www.twitter.com/grin_com

Ohm-Gymnasium
Erlangen

Abiturjahrgang
2011

SEMINARARBEIT

Rahmenthema des Wissenschaftspropädeutischen Seminars:
Kryptologie - Anwendung moderner Geheimcodes

Leitfach:
Mathematik

Data Encryption Standard

Eine erste moderne Chiffre auf Basis des Dualsystems

Verfasser:
Christian Sperber

Abgabetermin:
(2. Unterrichtstag im November)

9.November 2010

Inhaltsverzeichnis

1 Geschichtlicher Hintergrund und Grundlagen

Der Data Encryption Standard (DES) war 20 Jahre lang der weltweite Standard für die Verschlüsselung von Daten in der Informationstechnologie und ist wohl der wichtigste Vertreter der sogenannten symmetrischen Blockchiffren. Er galt lange Zeit als äußert sicher, ist aber heute aufgrund der kleinen Schlüssellänge mit der entsprechenden Rechenkapazität leicht zu brechen.

1.1 Entstehung und Entwicklung des DES

Vor den 1970ern hatte das Thema Kryptologie in der Öffentlichkeit noch kaum Bedeutung, lediglich das Militär bemühte sich, seine Kommunikation zu verschlüsseln. Erst mit dem Aufkommen der Informationstechnologie wuchs auch bei Unternehmen und staatlichen Institutionen der Bedarf an einer sicheren, codierten Datenübertragung.

Abb. 1 Horst Feistel

Das erkannte auch das National Bureau of Standards (NBS)[1] der USA und veröffentlichte im Mai 1973 eine Ausschreibung im Federal Register der USA. Gesucht wurde hierbei ein geeigneter Verschlüsselungsalgorithmus. Da auf diese Einschreibung kein einziger Vorschlag einging, der die Sicherheitskriterien erfüllte, folgte ein Jahr später eine zweite Ausschreibung, auf die ein Team von IBM nun einen Vorschlag einreichen konnte. Das Projekt basierte auf dem Algorithmus Lucifer des in Deutschland geborenen Horst Feistel. Es wurde schließlich der National Security Agency (NSA) zur Beurteilung der Sicherheit übergeben.

Nach der Veröffentlichung im Jahr 1975 wurde der Algorithmus am 23. November 1976 unter dem Namen Data Encryption Standard schließlich zum amerikanischen Standard erklärt.[2] In den folgenden Jahren (1980-1986) wurden weitere Standards bezüglich der Betriebsmodi, der Implementierung des DES, oder des Einsatz in der Finanzindustrie definiert (Näheres bei Schneier: Kryptographie, S. 311). Der Standard wurde „(trotz Exportbeschränkungen) weltweit [...] zum Marktführer." (Bauer: Geheimnisse, S.173)

---

[1] heute: National Institute of Standards and Technology (NIST)

[2] Der Bundesstandard wurde veröffentlicht unter: National Bureau of Standards (Hg.): Data Encryption Standard, FIPS PUB 46. National Technical Information Service, 1980.

In der Öffentlichkeit regte sich währenddessen scharfe Kritik an der unklaren Rolle der NSA bei der Bearbeitung des Algorithmus. So soll auf Druck der Behörde die Schlüssellänge klein gehalten worden sein und auch die sicherheitsrelevanten S-Boxen wurden angeblich von der NSA verändert (Vgl. Wobst: Abenteuer, S. 125). Es wurde der Vorwurf laut, die Agency hätte sich Hintertürchen eingebaut, um selbst mit eigener Rechenkapazität codierte Texte entschlüsseln zu können. Die Veröffentlichung (also nicht nur die Implementierung in Hardware) des Algorithmus beruht wahrscheinlich sogar nur auf einem Missverständnis zwischen NBS und NSA, inoffiziell bezeichnete die NSA den DES als ihren größten Fehler (Vgl. Schneier: Kryptographie, S. 311). Es ist aber auch möglich, dass die NSA die S-Boxen verändert hat, um zu verhindern, dass IBM hier zum eigenem Vorteil eine Schwachstelle einbaut.

Abb. 2 Logo der NSA

Nach der Entdeckung der differentiellen Kryptoanalyse (siehe Kap. 3.3) im Jahr 1990 durch Elie Biham und Adi Shamir wurde klar, dass die DES-Schöpfer diesen Angriff damals schon kannten, das Wissen um diesen Angriff aber geheim halten wolten und deshalb die Entwurfskriterien der S-Boxen nicht preisgaben (siehe Kap. 4.3). Trotzdem bot der DES immer weniger Sicherheit. Aus Mangel an Alternativen jedoch wurde der Standard weiterhin vom NBS zertifiziert.

Der Algorithmus wurde 1994 dann erstmals innerhalb von 50 Tagen mit einem Rechnerverbund per Brute Force (Durchprobieren aller möglichen Schlüssel; siehe Kap. 3.2) geknackt. Vier Jahre später benötigte man nur noch drei Tage und 1999 schließlich wurde der „bislang schnellste Angriff gegen DES" (Ertel: Kryptographie, S. 56 und S. 63, Stand: 2003) in 22 Stunden durchgeführt, allerdings war hierfür auch ein Netzwerk aus etwa 100.000 PCs nötig.

Nach einer Entwicklungszeit von vier Jahren wurde 2001 der Data Encryption Standard vom Advanced Encryption Standard (AES) offiziell abgelöst. Auch der AES ist eine Blockchiffre, die per Ausschreibung gefunden wurde, er ist vor allem wegen der größeren Schlüssellänge sicherer. Doch der Umstieg auf den neuen Standard dauerte Jahre und noch heute wird DES vereinzelt eingesetzt.

1.2 Klärung grundlegender Begriffe und Ideen der Kryptologie

1.2.1 Symmetrische Chiffren

Grundsätzlich gibt es zwei Arten von Verschlüsselungsalgorithmen: Symmetrische und asymmetrische. Während bei der asymmetrischen Methode zwei Schlüssel benötigt werden, wird bei der symmetrischen Verschlüsselung zum Ver- und Entschlüsseln der gleiche

Schlüssel verwendet oder Chiffrierschlüssel und Dechiffrierschlüssel lassen sich leicht auseinander berechnen. Um eine geheime Nachrichtenübertragung zu ermöglichen, muss ein gemeinsamer Schlüssel vereinbart und geheim gehalten werden.

1.2.2 Blockchiffren

Unter den symmetrischen Algorithmen gibt es Block- und Stromchiffren. Eine Stromchiffre verschlüsselt Informationen zeichenweise oder bitweise. Blockchiffren hingegen bearbeiten den Klartext in Bitgruppen, Blöcke genannt. Lässt sich der Klartext nicht genau in solche Blöcke aufteilen, so wird beim sogenannten Padding der letzte Block üblicherweise mit Zufallsbits aufgefüllt.

1.2.3 Exclusive Or (XOR)

Exclusive Or ist eine logische Operation, die zwei Bits miteinander verknüpft. Es gilt die Regel: Sind die Bits gleich, so ist das Ergebnis der Operation eine Null. Bei unterschiedlichen Bits hat XOR eine Eins als Ergebnis.[1] Mit Hilfe von XOR kann man so eine Daten-Bitfolge mit einer Schlüssel-Bitfolge zu einem Code verknüpfen. Aus diesem Code können dann per Verknüpfung mit dem Schlüssel wieder die Daten gewonnen werden. In Abbildungen findet sich hierfür das Zeichen „⊕".

2   Erklärung der Funktionsweise des DES-Algorithmus

Der Data Encryption Algorithm (DEA) entspricht einer symmetrischen Blockchiffre, die auf Transpositionen (auch Permutationen genannt) und Substitutionen beruht. D.h. der binäre Klartext wird in Blöcke von 64 Bit zerlegt und jeder Block wird nach dem gleichen Prinzip in 16 Feistel-Runden[2] durch Vertauschungen (Permutationen) und Ersetzungen (Substitutionen) zu einem 64 Bit Chiffreblock verschlüsselt. DES verwendet hierbei effektiv einen 56-Bit-Schlüssel. Es gilt das Kerkhoffsche Prinzip: Die ganze Sicherheit liegt in der Geheimhaltung des Schlüssels, nicht etwa auf der Geheimhaltung des Algorithmus.

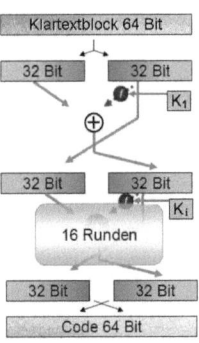

Abb. 3 Das DES-Schema

---

[1] Diese Regel entspricht einer Addition modulo 2.

[2] Benannt sind die Feistel-Runden nach ihrem Erfinder Horst Feistel.

2.1 Überblick über die Funktionsweise

Der binäre Klartextblock von 64 Bit wird nach einer Eingangspermutation in zwei 32 Bit Blöcke zerlegt. Mit diesen Hälften werden nun 16 identische Runden durchgeführt, in denen die Daten mit dem Schlüssel verknüpft werden. Dabei wird die sogenannte rechte Hälfte doppelt verwendet. Zum einen bildet sie die linke Hälfte der nächsten Runde, zum anderen wird sie in der Funktion f mit dem Rundenschlüssel K_i verknüpft. Das Ergebnis der Funktion wird mit der linken Hälfte XOR (siehe Kap. 1.2.3) verrechnet und formt so die rechte Hälfte der nächsten Runde. Nach 16 Runden folgt eine der Eingangspermutation inverse Ausgangspermutation (Abb. 3).

2.2 Eingangs- und Ausgangspermutation

Vor der ersten Runde erfolgt die Eingangspermutation. Sie vertauscht die 64 Eingangsbits gemäß Tabelle 1. So wird beispielsweise das Bit an der Stelle 58 an die erste Outputstelle geschoben, das 50. Bit besetzt die zweite Outputstelle usw. Nach der letzten Runde folgt die Ausgangspermutation, die invers zur Eingangspermutation ist,[1] d.h. erfährt ein Bitblock lediglich diese beiden Operationen, so ist das Ergebnis genau wieder dieser Bitblock. Deshalb haben diese Permutationen keinen sicherheitsrelevanten Einfluss auf den Algorithmus. Man brauchte diese Permutationen, da früher DES in Hardware implementiert wurde, und so wurden sie im Standard verankert.

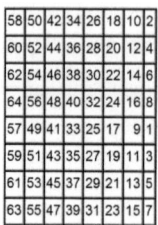

58	50	42	34	26	18	10	2
60	52	44	36	28	20	12	4
62	54	46	38	30	22	14	6
64	56	48	40	32	24	16	8
57	49	41	33	25	17	9	1
59	51	43	35	27	19	11	3
61	53	45	37	29	21	13	5
63	55	47	39	31	23	15	7

Tab. 1 Eingangspermutation

2.3 Der Algorithmus f

Zunächst werden die 32 Eingangsbits in einer sogenannten Expansion Permutation vertauscht und teilweise doppelt verwendet (Abb. 4). Der so entstehende 48 Bit Output wird dann mit dem Runden-Teilschlüssel, ebenfalls von einer Länge von 48 Bit, XOR verknüpft.

Nun kommen die S-Boxen („Substitution-Boxes") zum Einsatz, die wesentlich zur Sicherheit des DEA beitragen: Die Bits werden gleichmäßig auf die acht S-Boxen aufgeteilt und jede S-Box verarbeitet ihren 6 Bit Input zu einem 4 Bit Output. Für jede S-Box gibt es hierfür verschiedene Vorschriften im Standard, als Beispiel soll hier die S-Box 1 dienen (Vgl. Tab. 2):

---

[1] Die Tabellen aller Permutationen sowie S-Boxen sind im Anhang zu finden. Sie sind der Übersichtlichkeit halber nicht im Hauptteil aufgeführt.

S1	0	1	2	3	4	5	6	7	8	9	10	11	12	13	14	15
0	14	4	13	1	2	15	11	8	3	10	6	12	5	9	0	7
1	0	15	7	4	14	2	13	1	10	6	12	11	9	5	3	8
2	4	1	14	8	13	6	2	11	15	12	9	7	3	10	5	0
3	15	12	8	2	4	9	1	7	5	11	3	14	10	0	6	13

Tab. 2 Die erste S-Box

Die sechs Input-Bits seien b_1, b_2, b_3, b_4, b_5 und b_6. Die Tabelle ist so zu lesen, dass für die Spalte die Bits b_2, b_3, b_4, b_5 in eine Dezimalzahl umgerechnet werden. Die Zeile bestimmen b_1 und b_6. Angenommen es kämen die sechs Bits 110011 in die S-Box, so bilden die Bits zwei bis vier 1001 und das entspricht der Dezimalzahl 9. Die äußeren beiden Bits bilden 11, was einer dezimalen 3 entspricht. Nun findet man in der Spalte 9 und der Zeile 3 den Eintrag 11. Umgerechnet erhält man die vier Output-Bits 1011.

Die Ergebnisse der acht S-Boxen werden anschließend wieder zusammengesetzt und dann in der Permutation P abschließend vertauscht.

Für weitere Tabellen der Permutationen E und P sowie der S-Boxen sei auf den Anhang verwiesen.

2.4 Schlüsselgenerierung durch Shift-Operationen

Für jede der 16 DES-Runden wird ein eigener Teilschlüssel generiert. Dafür durchläuft der Originalschlüssel einige Operationen. Er erfährt zu Anfang eine Eingangspermutation („Permuted Choice 1"), die den 64-Bit-Schlüssel auf 56 Bit reduziert. Die acht ignorierten, sogenannten Paritätsbits des Originalschlüssels sind lediglich zur Überprüfung der fehlerfreien Übertragung des Schlüssels gedacht und werden somit nicht in den weiteren Prozess miteinbezogen.

Nun folgen 16 Runden, wobei in jeder ein Teilschlüssel von 48 Bit für die Funktion f der jeweiligen Runde bereitgestellt wird. Der Schlüssel wird – geteilt in zwei Hälften – in den Runden je durch eine Shift-Operation[1] und eine auswählende Permutation bearbeitet (Abb. 4). Die Shift-Operationen stellen sicher, dass jeder Rundenteilschlüssel von einer anderen

---

[1] Die Bits werden um eine festgelegte Zahl nach rechts verschoben, Bits am Ende werden an den Anfang gestellt (zyklische Verschiebung); zur Anzahl der Verschiebungen siehe Anhang.

Auswahl an Originalschlüssel-Bits abhängt (Für eine ausführlichere Darstellung sei auf Schneier: Kryptographie, S. 317 f. verwiesen).

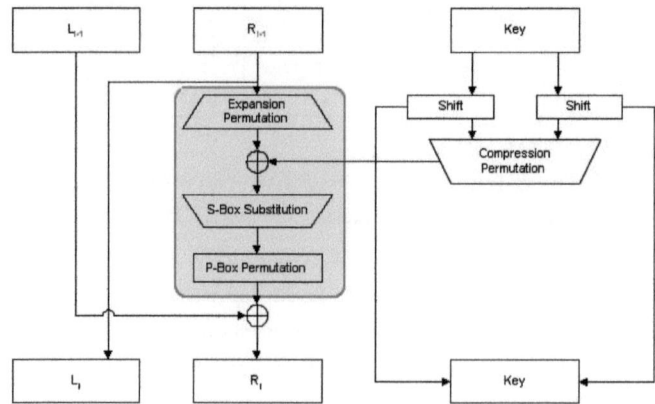

Abb. 4 Eine komplette DES-Runde (Die Funktion f ist blau unterlegt)

2.5 Dechiffrierung

Zur Dechiffrierung nutzt man die Feistelstruktur von DES aus. Bei der Entschlüsselung ist die Funktion f nicht von Bedeutung, man nutzt lediglich die Eigenschaften der XOR-Operation aus: Eine zweimalige XOR-Verknüfung liefert nämlich wieder den ursprünglichen Wert.

Dafür muss zum Dekodieren der gesamte Algorithmus, der zum Verschlüsseln dient, nur mit der umgekehrten Schlüsselreihenfolge angewandt werden. Statt also die Schlüssel K_1, K_2 ... K_{16} zu verwenden, liefert die Schlüsselgenerierung beim Entschlüsseln K_{16}, K_{15} ... K_1. Dies hatte bei Hardware-Implementierungen den Vorteil, dass bestimmte Schaltkreise sowohl zum Ver- als auch zum Entschlüsseln benutzt werden konnten, da ja nur die Schlüsselgenerierung anders arbeiten muss (Vgl. Hochschule Mannheim: Feistel-Netzwerke).

3 Betriebsmodi von Blockchiffren

Das National Bureau of Standards hat für DES verschiedene Betriebsmodi genormt[1], die auch für andere Blockchiffren bei Implementierungen verwendet werden können. Ein solcher Modus verwendet einfache Operationen wie Rückkopplung, um eine Grundchiffre (z.

---

[1] Die Modi sind in folgender Publikation genormt: National Bureau of Standards (Hg.): DES Modes of Operation, FIPS PUB 81. National Technical Information Service, 1980

B. den DEA) an eine Situation anzupassen. Einen universell besten Betriebsmodus gibt es hierbei nicht, denn es gibt verschiedene Qualitätsmerkmale, die nicht alle gleichzeitig optimal erfüllt werden können.

Betrachtet werden sowohl die Sicherheit, die Integrität[1] als auch die Effizienz in der Anwendung und die Fehleranfälligkeit der vier Beriebsmodi.

3.1 Electronic Codebook Modus (ECB)

Der nächstliegende Modus ist der ECB, der eine simple Verschlüsselung der einzelnen Blöcke mit der Grundchiffre darstellt (Abb. 5). Das ist effektiv und einfach. Die einzelnen Code-Blöcke werden voneinander unabhängig verschlüsselt, was die Verarbeitung mit mehreren unabhängig und parallel arbeitenden Prozessoren ermöglicht, die je eigene Blöcke verschlüsseln.

Allerdings bedeutet das auch, dass gleiche Klartextblöcke gleiche Chiffreblöcke erzeugen.

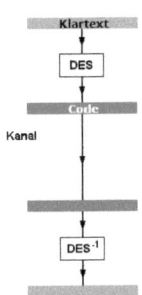

Abb. 5 Der ECB Modus

Besonders bei maschinell erstellten Inhalten (E-Mails, Internetseiten) kann es vorkommen, dass regelmäßige Strukturen und Wiederholungen im Klartext vorkommen, was einen Angriffspunkt darstellen kann (Näheres bei Schneier: Kryptographie, S. 224). Vor allem aber ist die Integrität, also die Unverfälschtheit, der Nachricht nicht mehr gegeben – ein Angreifer kann zuvor gesendete Blöcke so einfügen, dass sie für sich genommen einen Sinn geben und somit nicht leicht erkannt werden, den Sinn der gesamten Nachricht aber verändern können (Vgl. Buchmann: Kryptographie, S. 71). „Dieser Modus [...] sollte [deshalb] nach Möglichkeit vermieden werden." (Bauer: Geheimnisse, S.171)

Bitfehler haben zwar nur Einfluss auf den jeweiligen Block. Wenn jedoch Bits verloren gehen oder hinzugefügt werden, wird die gesamte Nachricht nach dem Fehler unlesbar, denn Bits eines Blockes werden nicht mehr als zugehörig erkannt.[2]

---

[1] Die Integrität bezeichnet die Unverfälschtheit eines Chiffretextes.

[2] Schneier: Kryptographie, S. 224: Schneier schlägt die Verwendung einer Rahmenstruktur vor, mit der zugehörige Bits markiert werden, und das Problem vermieden werden kann.

3.2 Cipher Block Chaining Modus (CBC)

Bei einer Verschlüsselung mit dem CBC wird der zuletzt ermittelte Chiffreblock mit in die Codierung des nächsten Blockes einbezogen, d.h. der zu verschlüsselnde Block wird zunächst mit dem vorhergehenden Chiffreblock durch XOR (siehe Kap. 1.2.3) verknüpft und erst dann codiert (Abb. 6). Es entsteht eine Rückkopplung. Man schreibt:

Verschlüsselung: $C_i = DES\ (P_i \oplus C_{i-1})$ C_i Chiffreblock der Runde i

Entschlüsselung: $P_i = C_{i-1} \oplus DES^{-1}\ (C_i)$ P_i Klartext (Plaintext) der Runde i

Lediglich für die Verarbeitung des ersten Klartextblockes P_1 ist ein Initialisierungsblock C_0 nötig, den beide Partner zusätzlich zum Schlüssel vereinbaren müssen; der muss aber nicht geheim gehalten werden. Obwohl der Aufwand nur geringfügig steigt, gibt es in diesem Modus nun keine Probleme mit gleichen Klartextblöcken. Deshalb ist der CBC-Modus vielfach in Anwendungen eingesetzt (Vgl. Ertel: Kryptographie, S. 70). Störungen im Geheimtext haben hingegen die unangenehme Eigenschaft der „Fehlerexpansion" (Schneier: Kryptographie, S. 231). Nicht nur der fehlerhafte Block wird unbrauchbar, sondern es sind auch einige nachfolgende Blöcke betroffen.

3.3 Cipher Feedback Modus (CFB)

Bei den bisher genannten Modi werden stets 64-Bit-Blöcke benötigt, um eine Nachricht zu verschlüsseln. Will man einzelne Zeichen verschicken, so empfiehlt sich der CFB (Abb. 7).

Man könnte sagen, DES wird in diesem Modus von der Block- zur Stromchiffre[1]: Ein Initialisierungsblock B_I wird mit dem vereinbarten Schlüssel per DES codiert. Die Klartextblöcke von beliebiger Länge n (n < Blockgröße 64 Bit, z.B. 1 Bit oder ein ASCII-Zeichen von 8 Bit) werden dann mit den n ersten (in der Abbildung linken) Bits XOR verknüpft. Das Ergebnis wird dem Empfänger geschickt und an den eigenen Initialisierungsblock B_I rechts angehängt. Um das zu ermöglichen, werden linke Bits von B_I gelöscht. Hierfür bietet sich ein

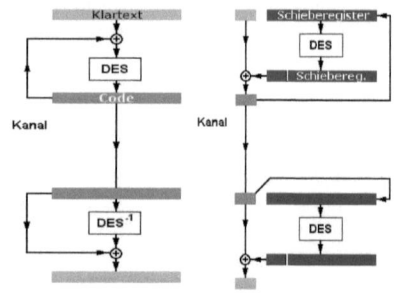

Abb. 6 Der CBC-Modus   Abb. 7 Der CFB-Modus

---

[1] Eine Stromchiffre verschlüsselt Informationen zeichenweise oder bitweise, nicht in Blöcken.

Schieberegister an. Mit dem neuen DES-Produkt wird nun der nächste Klartextblock verschlüsselt. Bei der Dechiffrierung wird B_l ebenso *ver*schlüsselt, der erhaltene Geheimtext wird mit dem Ergebnis XOR verknüpft und links von B_l angefügt.

Für jeden noch so kleinen Klartextblock wird demgemäß eine komplette DES-Verschlüsselung durchgeführt, was eine vielfach längere Laufzeitdauer zur Folge hat. Sollen beispielsweise einzelne Bits verschlüsselt werden, so ist eine richtige Stromchiffre wesentlich besser geeignet.

Der CFB ist einer der Modi, die als selbstsynchronisierend bezeichnet werden. D.h., von Fehlern „erholt" sich das System aufgrund der Verwendung eines Schieberegisters nach einiger Zeit wieder (Vgl. Schneier: Kryptographie, S. 231). Bei fehlenden oder hinzugefügten Bits allerdings muss darauf geachtet werden, welche Bits zu einem Block zusammengehören. Sonst werden *alle* darauffolgenden Bits falsch entschlüsselt.

3.4 Output Feedback Modus (OFB)

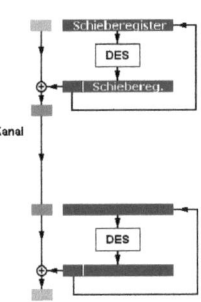

Beim OFB wird eine interne Rückkopplung verwendet, die unabhängig von Chiffre- und Klartext ist (Abb. 8). Nur der Initialisierungsblock wird mit DES verschlüsselt und liefert Blöcke, die dann mit dem Klartext XOR verknüpft werden. Ein Vorteil des Modus ist, dass bereits vor Kenntnis des Klartextes die eigentliche Hauptarbeit getan werden kann (Verschlüsselung des Initialisierungsblocks B_l) und später nur noch XOR verknüpft werden muss.

Abb. 8 Der OFB-Modus

Fehler betreffen nur das entsprechende Zeichen, weshalb der OFB Modus bei „Übertragung auf Kanälen, auf denen Störungen zu erwarten sind, zB bei Satellitenverbindungen" (Peer: DES, Kap. Betriebsmodi), besonders geeignet ist. Wie beim ECB können Synchronisationsprobleme auftreten.

3.5 TripleDES

Eine DES-Nachricht wurde 1999 im Rahmen der DES Challenge III in 22 Stunden gebrochen. Als eine Reaktion auf den Angriff kam die Idee des TripleDES auf, eine mehrfache Ver-

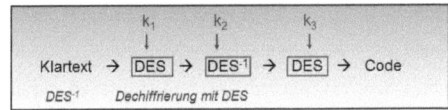

Abb. 9 Die Funktionsweise des Triple-DES

schlüsselung mit dem DES Algorithmus. Man verwendet drei Schlüssel k_1, k_2, k_3, mit denen man die Nachricht ver-, ent- und wieder verschlüsselt. Der Einsatz eines dritten Schlüssels hätte keinen sicherheitsrelevanten Einfluss (Vgl. Leander: SkriptKrypto, S. 13). Somit wird zumeist $k_1=k_3$ vereinbart.

Der Schlüsselraum steigt auf 2^{112} mögliche Schlüssel an und dadurch wird DES sicherer – allerdings auch aufwendiger im Codierungsprozess. Man hat festgestellt, dass genau diese dreifache Verkettung die größtmögliche Sicherheitsverbesserung bietet (Ebd). TripleDES ist kein Betriebsmodus im eigentlichen Sinne, aber eine sehr häufig eingesetzte Chiffrier-Möglichkeit.

4 Sicherheit von DES

Seit der Erklärung zum Standard im Jahr 1976 und der Nutzung bei amerikanischen Behör-den, ist der Data Encryption Algorithm bis heute noch weit verbreitet. Robert Meißner schreibt 2002 in seiner Arbeit über den DES:

> [Es] wurden Diskussion[en] über die Sicherheit von EC-Karten laut, in welchen die Gefahr des Bekanntwerdens eines EC-DES-Schlüssels mit einer Katastrophe gleichge-setzt wurde. Das EC-PIN-Verfahren wurde trotz fortschreitender Entwicklungen in der Kryptologie von Experten des Bundesamtes für Sicherheit in der Informations-technik (BSI) als weiterhin sicher eingestuft.
>
> *(Meißner: Banking, S.13)*

Man sieht: Die Frage „Ist DES sicher?" ist für uns alle von Bedeutung. Anhand von Eigen-schaften des Algorithmus, Angriffsmöglichkeiten und Laufzeitabschätzungen soll diese Frage im Folgenden geklärt werden.

4.1 Eigenschaften des DES

4.1.1 S-Boxen

Buchmann beweist: „Alle [Permutationen und XOR-Operationen] sind linear, bis auf die S-Boxen." (Buchmann: Einführung, S. 254, Abschn. 6.5.6). Die S-Boxen sind mehr als alle anderen Operationen für die Sicherheit von DES verantwortlich, sie sorgen dafür, dass die li-neare Beziehung $DES(x \oplus y) = DES(x) \oplus DES(y)$ nicht gegeben ist. Das hat zur Folge, dass nicht etwa wie bei linearen Chiffren bereits 64 (=Blocklänge) bekannte Klartexte und ihre zu-gehörigen Chiffretexte genügen, um den Schlüssel zu berechnen, sondern im Rahmen einer differentiellen Kryptoanalyse 2^{47} Klartexte nötig wären (Vgl. Ertel: Kryptographie, S. 62f). Man kann davon ausgehen, dass die S-Boxen sich an komplexen, genau durchdachten Krite-rien orientieren und Folge langer Forschungsarbeit von Kryptographen sind.

4.1.2 Lawineneffekt

Jedes Code-Bit ist von nahezu jedem Klartext-Bit abhängig, d.h. bereits minimale Änderungen des Klartextes haben eine große Auswirkung auf den Chiffretext-Block. Dies nennt man auch Diffusion. Der Effekt gilt auch für minimale Änderungen des Schlüssels.

4.1.3 Schwache Schlüssel

Da die Schlüssel-Bits im Algorithmus in zwei Hälften geteilt und dann nur noch vertauscht und verschoben werden, führen vier bestimmte Schlüssel zu 16 identischen Rundenteilschlüsseln, was die Sicherheit von DES enorm schwächt. Bestehen die Hälften aus je nur Nullen oder je nur Einsen, so liegt ein schwacher Schlüssel vor, es gibt folglich vier solcher Schlüssel (11…11; 11…1100…00; 00…0011…11; 00…00). Schneier spricht zusätzlich von sechs halbschwachen Schlüsselpaaren, doch auch die können durch eine einfache Abfrage am Computer vermieden werden.

4.2 Der Brute Force Angriff

Der Brute Force Angriff ist die einfachste denkbare Form der Kryptoanalyse: Der Chiffretext wird mit allen 2^{56} möglichen Schlüsseln dechiffriert, kommt dabei ein sinnvoller Klartext heraus, wurde der richtige Schlüssel höchstwahrscheinlich gefunden. Da bei dieser Möglichkeit mehr als 72 Billiarden Schlüssel durchprobiert werden müssen, dauert das auch bei schnellen Rechnern ziemlich lange.

Abb. 10 Mit der Deep-Crack-Hardware wurde DES 1998 in 56 Stunden gebrochen.

Allerdings lässt sich der Angriff noch optimieren: Aufgrund einer Komplementär-Eigenschaft[1] muss „nur" die Hälfte aller Schlüssel ausprobiert werden, die andere Hälfte kann durch eine einfache, schnelle „Invert"-Operation abgeprüft werden (Der Beweis findet sich bei Buchmann: Einführung, S. 254 Abschnitt 6.5.3).

Eine Variation des Brute Force Angriffes ist das Time-Memory-Tradeoff-Verfahren, das Hellmann 1980 vorstellte. Es baut auf der Idee auf, einen häufig vorkommenden Klartext-Teil (wie etwa ein Byte nur aus Nullen, wie es häufig in maschinell erstellten Dokumenten zu finden ist) mit allen möglichen Schlüssel zu chiffrieren und die 2^{56} Ergebnisse der Reihe nach im vorliegenden Chiffretext zu suchen. Findet man ein Ergebnis im Chiffretext, so ist der

---

[1] Kryptographen drücken die Komplementär-Eigenschaft so aus: $DES(m,k) = \overline{DES(\overline{m},\overline{k})}$, wobei $\overline{x}$ das bitweise Inverse von x ist, k der Schlüssel und m der Klartext.

Schlüssel, den man für dieses Ergebnis genutzt hat, wahrscheinlich auch der Schlüssel des zu knackenden Codes. Speichert man die 2^{56} Ergebnisse schon vorher ab, muss bei Erhalt eines Chiffretextes nur noch gesucht werden, was die Schnelligkeit dieses Verfahrens ausmacht (Näheres bei Wobst: Abenteuer, S. 131).

4.3 Mittel der differentiellen Kryptoanalyse

Die israelische Kryptologen Elie Biham und Adi Shamir erzielten 1990 mit ihrer Idee der differentiellen Kryptoanalyse einen Durchbruch. Man untersucht, auf welche Bits des Codes sich minimale Änderungen des Klartextes auswirken und kann so sagen, wie wahrscheinlich bestimmte Schlüssel sind. Dieser sogenannte chosen-plaintext-Angriff erfordert aber zwei bekannte Klartexte mit kleiner Differenz. Zudem stellte sich heraus, dass diese Art des Angriffs den DES-Entwicklern bereits 1974 bekannt war, weshalb die S-Boxen gegen genau diesen Angriff bereits optimiert wurden. Um aber das Wissen um die differentielle Kryptoanalyse nicht zu verraten und den Vorsprung Amerikas auf diesem Gebiet zu wahren, ließ die NSA die Entwurfskriterien der S-Boxen geheim halten (Vgl. Schneier: Kryptologie, S. 337). Mit dieser für die NSA typischen Politik der Geheimhaltung stößt sie häufig auf Kritik und ermöglicht die Verbreitung von Gerüchten.

Durch das Design der S-Boxen und die hohe Anzahl an Runden ist der differentielle Angriff nicht wesentlich effizienter als Brute Force und bleibt so eher ein theoretischer Angriffspunkt.

4.4 Die lineare Kryptoanalyse

Ein weiterer kryptoanalytischer Angriff, „der zur Zeit [Stand: 2006] […]erfolgreichste Angriff gegen DES" (Schneier: Kryptographie, S. 340), wurde 1993 von dem Japaner Mitsuru Matsui vorgestellt. Im Verfahren wird versucht, eine möglichst gute lineare Approximation für DES zu erstellen, und zwar unter Zuhilfenahme einiger Klar- und Chiffretextpaare. So kann man einzelne Schlüsselbits erraten.[1]

4.5 Laufzeitabschätzungen

Je nach eingesetzter Rechenkapazität variieren Laufzeit und Kosten. Denkbar sind zum einen teure, schnelle „Super-Rechner". Aber vor allem Netzwerke (z.B. über das Internet) werden genutzt, um die benötigte große Rechenleistung kostengünstig aufzubringen. Historische

---

[1] Eine anschauliche und ausführliche Beschreibung findet sich bei Wobst: Abenteuer, S. 142-145.

Beispiele einiger populärer, teils erfolgreicher und teils theoretischer Analysen (Abschät-
zungen) des DES:

1977	10^6 VLSI-Chips für 20 Mio. $	1 Tag
1997	Tausende Rechner (kaum Kosten)	4 Monate
1998	Angaben der Eurocrypt: 1 Mio. $[1]	0,5 Stunden
1998	Deep-Crack: 250.000 $	56 Stunden
1999	distributed.net (ca. 100.000 Rechner)	22 Stunden

(Daten nach: Universität Mannheim: Kryptographie I)

Die DES-Schöpfer haben die Schlüssellänge auf Verlangen der NSA von ursprünglich ge-
planten 128 Bit auf 56 Bit herabgesetzt. Dies stellt heutzutage den bedeutendsten Schwach-
punkt des Algorithmus dar.

Heutzutage kann man DES mit entsprechenden finanziellen Mitteln sogar schon „innerhalb
von Minuten, höchstens Stunden" (Meißner: Banking, S.13) brechen, Esslinger hält die
„Annahme, dass man einen 56 Bit DES- Schlüssel in 5 Minuten knacken kann" (Esslinger:
Jedermann, S. 30) für realistisch.

Um nun die Frage „Ist DES sicher?" zu beantworten, schreibt Wobst 1998: „Verschlüsseln Sie
nicht mit DES, wenn ein Gegner für den Klartext eine fünf- oder sechsstellige Summe berap-
pen würde" (Wobst: Abenteuer, S.130). Mit der „Annahme, dass sich die Kosten von Rechenleistung alle 18 Monate halbieren" (Docstock (Hg.): DES, S. 26) liegt die Summe wohl im
dreistelligen Bereich. D.h., DES-Verschlüsselungen sind gegen Organisationen und sogar
Privatpersonen mit etwas finanziellen Mitteln nicht sicher.

5 Anwendung heute

Im Jahre 1976 wurde der DES als Verschlüsselungsverfahren für „‚normale' Geheimhaltung" (Wobst: Abenteuer, S.125) standardisiert. Wohl aus Mangel an Alternativen wurde er
zum „weltweit[en …] Marktführer" (Bauer: Geheimnisse, S.173). Das spürt man auch heute
noch: Nach Jahren, in denen die Sicherheit von DES stark gelitten hat, wird das Verfahren
(meist in Form des Triple-DES) in teils hoch-sicherheitsrelevanten Gebieten weiterhin
eingesetzt. Beispielsweise wurde der DES bei dem 1969 entwickelten Betriebssystem Unix
zum Verschlüsseln der Passwörter beim Einloggen genutzt. (Vgl. Eilers: Security, Kap. DES
beim Einloggen). Bis heute wurde er nicht durch einen sichereren Algorithmus ersetzt.

---

[1] Diese Angabe findet sich bei Wobst: Abenteuer, S. 130.

5.1 Verschlüsselung im Internet

Will man im Internet vertrauliche Informationen übertragen, wie z.B. Kontodaten, so kommt häufig das Webprotokoll HTTPS zum Einsatz. Dahinter steckt das Übertragungsprotokoll Secure Socket Layer (SSL), das die verschlüsselte Verbindung ermöglicht. Nach einem soge-nannten Handshake, in der Chiffrierungsalgorithmus und der Schlüssel festgelegt werden, geschieht der Datenaustausch mit einem symmetrischen Verfahren wie etwa dem DES oder Triple-DES. Auch das Nachfolger-Protokoll TLS verwendet noch wie SSL den DES – aller-dings wird er immer seltener beim Handshake ausgewählt, da sicherere Algorithmen zur Verfügung stehen (Vgl. Eilers: Security, Kap. DES beim Browsen).

 Auch mit der Freeware Pretty Good Privacy (PGP) lassen sich Daten verschlüsselt übers Internet übertragen. Um außerdem noch das Unter-schreiben von Mitteilungen zur Sicherstellung der Integrität und die

Abb. 11 PGP-Logo

Verschlüsselung gespeicherter Daten realisieren zu können, benutzt PGP ein hybrides System, d.h. sowohl asymmetrische als auch symmetrische Verfahren werden kombiniert. Die symmetrisch organisierte Datenübertragung kann auch hier u.a. mit Tripel-DES geschehen.[1]

5.2 Finanzwesen

Vor allem Banken waren beim Aufkommen der Informations-technologie sehr an kryptographischen Verfahren interessiert. Bis ins 21. Jahrhundert hat sich hier der DES in manchen Anwendungs-gebieten gehalten:

Beispielsweise beim „Electronic Cash" (Frommer: Data Encryption Standard, S. 3) wird DES heute noch verwendet (Stand: 2004). Bis 1997 wurden die PIN-Codes für EC-Karten vielfach mit dem Data Encryption Standard aus bekannten Parametern berechnet; nur der Institutsschlüssel der Bank war geheim (Vgl. Eilers: Security).

Abb. 12 HBCI Kartenleser

Das Home Banking Computer Interface (HBCI) ist ein nationaler Standard vom Zentralen Kreditausschuss. Es ist ein weit verbreitetes, als sicher geltendes System, das Online-Banking ermöglicht. Zur Berechnung der elektronischen Signatur und zur Datenübertragung wird

---

[1] Für eine genaue Darstellung von PGP siehe: Ge, Anxiang: „,Pretty Good Privacy' – der bekannteste kryptographische Kommunikationsstandard" (Seminararbeit) oder Mekelburg, Hans-G.: „Krypto-logie – Sicherheit für Internet" 2002. In: http://www.nwn.de/hgm/krypto/deploy.htm#pgp, Zugriff am 24.10.2010

der DES mit den Betriebsmodi CBC und ECB genutzt (Vgl. Eilers: Security, Kap. DES beim Online-Banking).

6 Der Nachfolger AES

Trotz immer leistungsfähigerer Rechner und sicherheitstechnischer Bedenken wurde der DES vom NBS alle 5 Jahre als Verschlüsselungsstandard bestätigt. Doch 1997 veranlasste das NBS (seit 1988 unter dem Namen NIST) eine Ausschreibung für den Advanced Encryption Standard. Der musste sich mit dem Triple-DES messen und sollte nun mit flexibler Schlüssellänge funktionieren. In einem öffentlichen Auswahlverfahren entschied man sich zwischen fünf sehr gut geeigneten Algorithmen für die eingereichte Rijndael-Chiffre, die nach den belgischen Erfindern Vincent Rijmen und Joan Daemen benannt ist und am 26. November 2001 als offizieller Nachfolger AES standardisiert wurde.

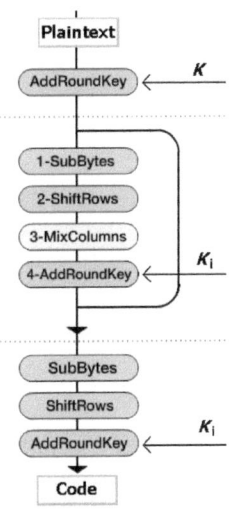

Abb. 13 AES-Codierung

Auch der AES verschlüsselt in mehreren Runden, die Anzahl der Runden ist abhängig von der gewählten Schlüssel- und Blocklänge. Am Anfang wird der binäre Klartext mit dem Schlüssel K verknüpft, dann folgen zehn bis vierzehn Runden, in denen der Input vier Phasen durchläuft (Abb. 13). Es wird eine S-Box angewandt (SubBytes), Bytes werden verschoben (ShiftRows), in der MixColumns-Funktion wird mit einem Vektor multipliziert und zuletzt wird immer der Rundenschlüssel Ki XOR addiert. Die Rundenschlüssel werden in einem separaten Verfahren berechnet.

In der letzten Runde entfällt die MixColumns-Funktion. Zum Dechiffrieren müssen alle Operationen in umgekehrter Reihenfolge und invertiert durchlaufen werden. (Eine hervorragende anschauliche Darstellung findet sich bei Zabala: Rijndeal-Animation.)

Sowohl gegen die differentielle als auch gegen die lineare Kryptoanalyse gilt der AES als resistent. Er findet bei der Wireless-LAN Verschlüsselung (WPA2), bei PGP, beim Internetdienst Skype sowie bei Dateiarchiven (7-Zip, RAR) Anwendung. Des Weiteren kann der Algorithmus als Stromchiffre und als Pseudozufallsgenerator genutzt werden.

7 Abkürzungsverzeichnis

Abb.	*Abbildung*	*NSA*	*National Security Agency*
Abschn.	*Abschnitt*	*o.J.*	*ohne Jahresangabe*
AES	*Advanced Encryption Standard*	*PGP*	*Pretty Good Privacy*
DEA	*Data Encryption Algorythm*	*S.*	*Seite*
DES	*Data Encryption Standard* ≙ *DEA*	*SSL*	*Secure Socket Layer*
d.h.	*das heißt*	*u.a.*	*unter anderem*
Ebd.	*Ebenda*	*USA*	*United States of America*
Hg.	*Herausgeber*	*vgl.*	*vergleiche*
Kap.	*Kapitel*	*XOR*	*Exclusive Or*
NBS	*National Bureau of Standards*	*z.B.*	*zum Beispiel*
NIST	*National Institute of Standards and Technology*		

8 Literaturangaben

8.1 Literaturquellen

1. Bauer, Friedrich L.: Entzifferte Geheimnisse. Springer-Verlag, 1997.

2. Buchmann, Johannes: Einführung in die Kryptographie. 3. Auflage. Berlin, Springer-Verlag, 2004.

3. Ertel, Wolfgang: Angewandte Kryptographie. Carl Hanser Verlag, 2003.

4. Schneier, Bruce: Angewandte Kryptographie. Pearson Studium, 2006.

5. Wobst, Reinhard: Abenteuer Kryptologie. Addison-Wesley, 1998.

8.2 Internetquellen

1. Docstock (Hg.).: „Der Data Encryption Standard (DES)" 2010. In: http://www.docstoc.com/docs/32490576/Der-Data-Encryption-Standard-(DES)-DES-wurde-im-Juli, Zugriff am 24.10.2010

2. Eilers, Carsten: „About Security #73: Kryptographie — Anwendungen von DES" 2006. In: http://entwickler.de/zonen/portale/psecom,id,126,news,31412,p,0.html, Zugriff am 24.10.2010

3. Esslinger, Bernhard: „Kryptologie für Jedermann" 2007. In: https://www.sicher-im-netz.de/files/documents/06_02_Kryptologie_fuer_Jedermann.pdf, Zugriff am 23.09.2010

4. Frommer/Klewinghaus/Schäfer: „Data Encryption Standard – Bitte 64 Bit" 2004. In: http://www.matheprisma.de/Module/DES/, Zugriff am 24.10.2010

5. Hochschule Mannheim (Hg.): „Feistel-Netzwerke" o.J. In: http://www.am.hs-mannheim.de/KryptoLern/feistel.php, Zugriff am 27.08.10

6. Leander, G.: „SkriptKryptoI" 2006. In: http://www.cits.rub.de/imperia/md/content/leander/ws05/skriptkryptoi.pdf, Zugriff am 16.09.2010

7. Meißner, Robert: „Electronic Banking" 2002. In: http://archiv.tu-chemnitz.de/pub/2002/0059/data/PS_Electronic_Banking.pdf, Zugriff am 03.09.2010

8. Peer, Stefan: „DES – Data Encryption Standard" o.J. In: http://members.chello.at/s.peer/DES/, Zugriff am 27.08.2010

9. Universität Mannheim (Hg): „Kryptographie I Data Encryption Standard" 2007. In: http://th.informatik.uni-mannheim.de/teach/Krypto-07/vl/folienDES.pdf, Zugriff am 03.09.2010

10. Zabala, Enrique: „Rijndael-Animaiton" 2008. In: http://www.formaestudio.com/rijndaelinspector/archivos/Rijndael_Animation_v4_eng.swf, Zugriff am 03.11.2010 *(Teil der Crypt-Tool-Software → www.cryptool.com)*

8.3 Bildquellen

Abb. 1 Horst Feistel:
　　　　http://upload.wikimedia.org/wikipedia/uk/b/b8/Feistel_Horst.jpg

Abb. 2 Logo der NSA:　　　http://tf.nist.gov/seminars/IWODD/nsa_logo_2.jpg

Abb. 4 Kompl. DES-Runde:　Peer: DES, Kap. Betriebsmodi *[Bild bearbeitet]*

Abb. 5 Der ECB Modus:　　Peer: DES, Kap. Betriebsmodi *[Bild bearbeitet]*

Abb. 6 Der CBC-Modus:　　Peer: DES, Kap. Betriebsmodi *[Bild bearbeitet]*

Abb. 7 Der CFB-Modus:　　Peer: DES, Kap. Betriebsmodi *[Bild bearbeitet]*

Abb. 8 Der OFB-Modus:　　Peer: DES, Kap. Betriebsmodi *[Bild bearbeitet]*

Abb. 10 Deep-Crack:　　　http://de.wikipedia.org/wiki/Data_Encryption_Standard

Abb. 11 PGP-Logo:　　　　http://symlabs.com/uploads/html/solutions/pgp_logo.png

Abb. 12 HBCI Kartenleser:　http://ecx.images-amazon.com/images/I/41dm6fbHLmL.jpg

Abb. 13 AES-Codierung:　　Zabala: Rijndael-Animation, S. 5 *[Bild bearbeitet]*

9 Anhang

9.1 Permutationstabellen

Eingangspermutation: Augangspermutation: Permutation E:

58	50	42	34	26	18	10	2
60	52	44	36	28	20	12	4
62	54	46	38	30	22	14	6
64	56	48	40	32	24	16	8
57	49	41	33	25	17	9	1
59	51	43	35	27	19	11	3
61	53	45	37	29	21	13	5
63	55	47	39	31	23	15	7

40	8	48	16	56	24	64	32
39	7	47	15	55	23	63	31
38	6	46	14	54	22	62	30
37	5	45	13	53	21	61	29
36	4	44	12	52	20	60	28
35	3	43	11	51	19	59	27
34	2	42	10	50	18	58	26
33	1	41	9	49	17	57	25

32	1	2	3	4	5
4	5	6	7	8	9
8	9	10	11	12	13
12	13	14	15	16	17
16	17	18	19	20	21
20	21	22	23	24	25
24	25	26	27	28	29
28	29	30	31	32	1

16	7	20	21
29	12	28	17
1	15	23	26
5	18	31	10
2	8	24	14
32	27	3	9
19	13	30	6
22	11	4	25

Left						
57	49	41	33	25	17	9
1	58	50	42	34	26	18
10	2	59	51	43	35	27
19	11	3	60	52	44	36
Right						
63	55	47	39	31	23	15
7	62	54	46	38	30	22
14	6	61	53	45	37	29
21	13	5	28	20	12	4

14	17	11	24	1	5
3	28	15	6	21	10
23	19	12	4	26	8
16	7	27	20	13	2
41	52	31	37	47	55
30	40	51	45	33	48
44	49	39	56	34	53
46	42	50	36	29	32

Permutation P: Permuted Choice 1:   Compression Permutation:

Anzahl, um die die Schlüssel-Hälften bei der Schlüsselgeneration per Shift-Operation weitergeschoben werden:

Round	1	2	3	4	5	6	7	8	9	10	11	12	13	14	15	16
Number	1	1	2	2	2	2	2	2	1	2	2	2	2	2	2	1

9.2 S-Boxen

S-Box 1: Substitution Box 1

Row / Column	0	1	2	3	4	5	6	7	8	9	10	11	12	13	14	15
0	14	4	13	1	2	15	11	8	3	10	6	12	5	9	0	7
1	0	15	7	4	14	2	13	1	10	6	12	11	9	5	3	8
2	4	1	14	8	13	6	2	11	15	12	9	7	3	10	5	0
3	15	12	8	2	4	9	1	7	5	11	3	14	10	0	6	13

S-Box 2: Substitution Box 2

Row / Column	0	1	2	3	4	5	6	7	8	9	10	11	12	13	14	15
0	15	1	8	14	6	11	3	4	9	7	2	13	12	0	5	10
1	3	13	4	7	15	2	8	14	12	0	1	10	6	9	11	5
2	0	14	7	11	10	4	13	1	5	8	12	6	9	3	2	15
3	13	8	10	1	3	15	4	2	11	6	7	12	0	5	14	9

S-Box 3: Substitution Box 3

Row / Column	0	1	2	3	4	5	6	7	8	9	10	11	12	13	14	15
0	10	0	9	14	6	3	15	5	1	13	12	7	11	4	2	8
1	13	7	0	9	3	4	6	10	2	8	5	14	12	11	15	1
2	13	6	4	9	8	15	3	0	11	1	2	12	5	10	14	7
3	1	10	13	0	6	9	8	7	4	15	14	3	11	5	2	12

S-Box 4: Substitution Box 4

Row / Column	0	1	2	3	4	5	6	7	8	9	10	11	12	13	14	15
0	7	13	14	3	0	6	9	10	1	2	8	5	11	12	4	15
1	13	8	11	5	6	15	0	3	4	7	2	12	1	10	14	9
2	10	6	9	0	12	11	7	13	15	1	3	14	5	2	8	4
3	3	15	0	6	10	1	13	8	9	4	5	11	12	7	2	14

S-Box 5: Substitution Box 5

Row / Column	0	1	2	3	4	5	6	7	8	9	10	11	12	13	14	15
0	2	12	4	1	7	10	11	6	8	5	3	15	13	0	14	9
1	14	11	2	12	4	7	13	1	5	0	15	10	3	9	8	6
2	4	2	1	11	10	13	7	8	15	9	12	5	6	3	0	14
3	11	8	12	7	1	14	2	13	6	15	0	9	10	4	5	3

S-Box 6: Substitution Box 6

Row / Column	0	1	2	3	4	5	6	7	8	9	10	11	12	13	14	15
0	12	1	10	15	9	2	6	8	0	13	3	4	14	7	5	11
1	10	15	4	2	7	12	9	5	6	1	13	14	0	11	3	8
2	9	14	15	5	2	8	12	3	7	0	4	10	1	13	11	6
3	4	3	2	12	9	5	15	10	11	14	1	7	6	0	8	13

S-Box 7: Substitution Box 7

Row / Column	0	1	2	3	4	5	6	7	8	9	10	11	12	13	14	15
0	4	11	2	14	15	0	8	13	3	12	9	7	5	10	6	1
1	13	0	11	7	4	9	1	10	14	3	5	12	2	15	8	6
2	1	4	11	13	12	3	7	14	10	15	6	8	0	5	9	2
3	6	11	13	8	1	4	10	7	9	5	0	15	14	2	3	12

S-Box 8: Substitution Box 8

Row / Column	0	1	2	3	4	5	6	7	8	9	10	11	12	13	14	15
0	13	2	8	4	6	15	11	1	10	9	3	14	5	0	12	7
1	1	15	13	8	10	3	7	4	12	5	6	11	0	14	9	2
2	7	11	4	1	9	12	14	2	0	6	10	13	15	3	5	8
3	2	1	14	7	4	10	8	13	15	12	9	0	3	5	6	11